ANIMALES SUPERPELIGROSOS

BLACK RABBIT BOOKS

MEG GREVE

ÍNDICE

1

El casuario

El casuario es un pájaro de gran tamaño. Tiene unos colores preciosos. Pero también es peligroso. Tiene una poderosa patada. El golpe ha matado incluso a humanos.

Este pájaro puede correr hasta 30 millas (48 kilómetros) por hora. También puede saltar hasta 5 pies (1,5 metros) de altura. Pero no puede volar.

El casuario come fruta, pequeños animales e insectos. Tiene un casquete en la parte superior de la cabeza. Es como un casco. Lo ayuda a atravesar la espesa vegetación de la selva tropical.

Piensa en esto

Los casuarios tienen colores brillantes en el cuello. ¿Cómo crees que esto los ayuda a sobrevivir?

2

El hipopótamo

Cuando la gente bosteza, es señal de cansancio. Cuando un hipopótamo bosteza, ¡es una advertencia para que te mantengas alejado!

Los hipopótamos tienen bocas gigantes y mandíbulas fuertes. Sus colmillos largos los ayudan a luchar. Su piel tiene 2 pulgadas (5 centímetros) de espesor. Es demasiado profunda para garras afiladas.

Los hipopótamos se mueven rápido en el agua. Pueden ser agresivos. Luchan por comida y espacio. Atacan leones, leopardos y cocodrilos. ¡Y a menudo ganan!

¿Sabías que…?

Los hipopótamos son grandes. Son el segundo animal terrestre más grande.

El león

3

10

El rugido de un león se puede oír a 5 millas (8 km) de distancia. Pero este felino salvaje es silencioso mientras caza. Es posible que su presa no sepa que está en peligro hasta que es demasiado tarde.

Los leones son felinos grandes. Viven en manada. A menudo, son las hembras las que cazan. Son más pequeñas y rápidas. Cazan en grupo.

Los felinos se acercan sigilosamente a la presa. La rodean para que no pueda escapar. Luego la atacan a toda velocidad.

¿Sabías que...?

Los leones pueden vivir hasta 14 años.

4

El mosquito

Los mosquitos son insectos diminutos pero poderosos. Pueden ser peligrosos. Beben sangre de animales y humanos. También transmiten enfermedades. Matan a más de 3 millones de personas al año.

Estos insectos perciben el olor y el calor corporal. Tienen una pieza bucal llamada **probóscide**. Se adhiere a la piel y chupa sangre.

Los mosquitos solo viven hasta tres semanas. No es una vida larga. Pero las hembras ponen cientos de huevos en ese corto tiempo.

Piensa en esto

¿Por qué es importante protegerse de las picaduras de mosquitos?

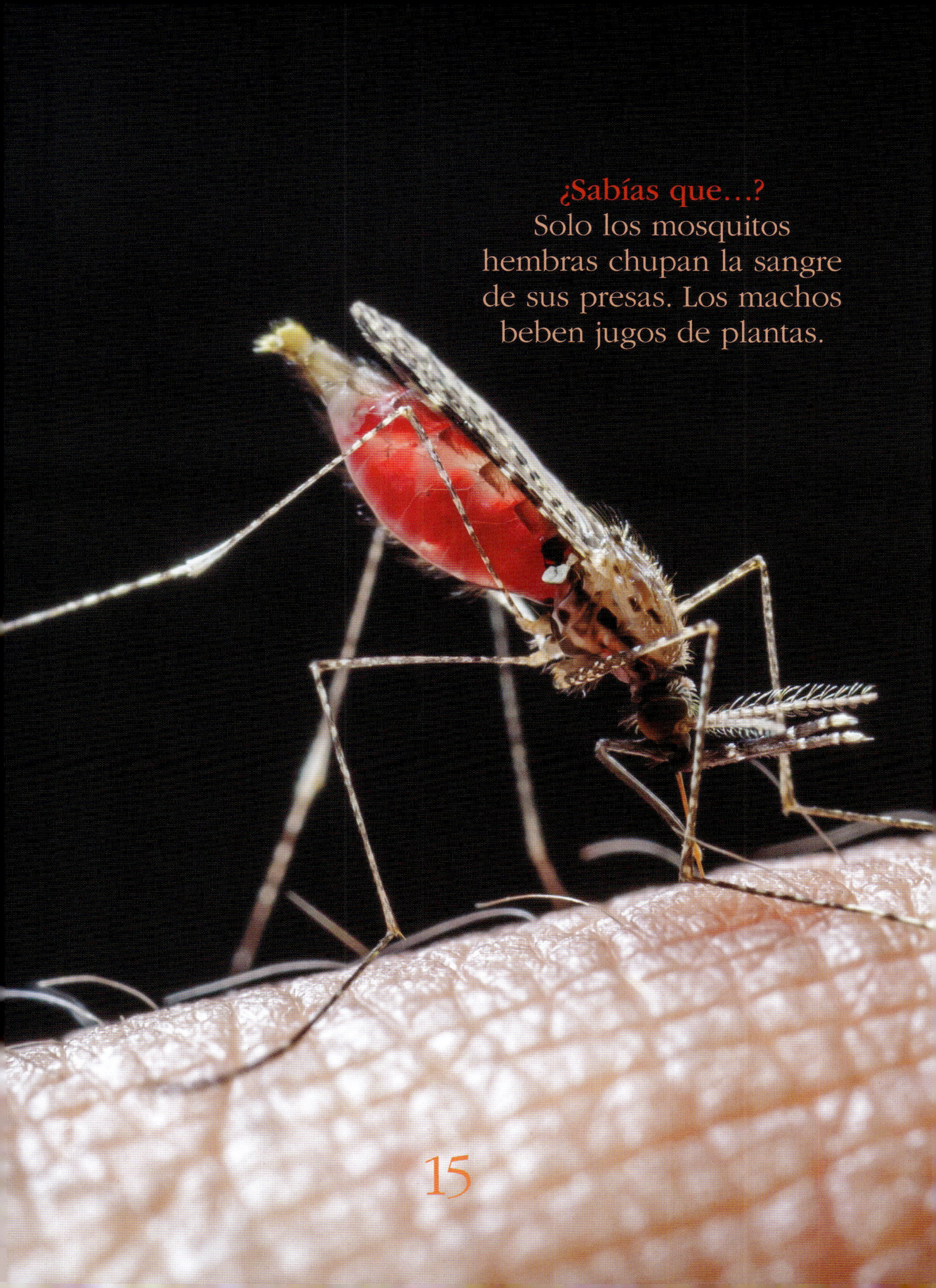

¿Sabías que…?
Solo los mosquitos hembras chupan la sangre de sus presas. Los machos beben jugos de plantas.

La orca

5

Las orcas se llaman ballenas asesinas por una razón. Viven en un grupo llamado manada. Cada manada, de unas 30 ballenas, está liderada por una hembra.

Cuando la manada tiene hambre, cazan juntas. Las orcas son inteligentes. Hacen chasquidos para comunicarse. Planean sus ataques. A veces, reúnen a los peces en un grupo.
Luego golpean a los peces con sus colas. Otras veces, crean olas para derribar a sus presas del hielo flotante.

Sus presas favoritas son leones marinos, morsas, elefantes marinos, tortugas, pingüinos y calamares. Las orcas atacan incluso a ballenas más grandes.

Piensa en esto

Las orcas cazan juntas. ¿Cómo ayuda esto a los miembros de su manada?

El glotón

6

¿Qué parece un oso y huele como una mofeta? ¡Un glotón! Estas criaturas están relacionadas con las comadrejas, pero son más fuertes y grandes.

Los glotones son depredadores audaces. Tienen un excelente sentido del olfato. Son poderosos, con dientes y garras fuertes. Están hechos para desgarrar carne congelada.

Estos animales son **carroñeros**. Por lo general, comen animales muertos a manos de otros depredadores. Pero también pueden matar presas mucho más grandes que ellos, como alces y caribúes. También comen bayas y plantas.

¿Sabías que…?
Los glotones pueden recorrer entre 15 y 18 millas (24 y 29 km) al día en busca de alimento.

MÁS PARA EXPLORAR

¿EN QUÉ PARTE DEL MUNDO?

GLOTONES
América del Norte

HIPOPÓTAMOS
Zonas centrales de África

LEONES
Zonas del sur de África

MOSQUITOS
En todo el mundo excepto la Antártida

ORCAS
Todos los océanos

CASUARIOS
Papúa Nueva Guinea, islas de Indonesia y Australia

MÁS PARA EXPLORAR

DATOS FANTÁSTICOS

Las alas de un mosquito baten hasta 1000 veces por segundo.

Los casuarios son buenos nadadores.

Las orcas tienen alrededor de 45 dientes afilados que utilizan para desgarrar y destrozar a sus presas.

Los leones son los únicos felinos que viven en grupos.

Los hipopótamos pueden dormir en el agua sin ahogarse.

Los glotones pueden trepar árboles y también pueden nadar.

MÁS PARA EXPLORAR

COMPARACIONES INTERESANTES

Mosquitos
0,4 pulgadas
(1 cm) de largo

Glotones
1,5 pies (0,5 m) de alto
3,5 pies (1,1 m) de largo

Leones
4 pies (1,2 m) de alto
10 pies (3 m) de largo

Hipopótamos
Hasta 5 pies (1,5 m) de alto
16,5 pies (5 m) de largo

Casuarios
5,5 pies (1,7 m) de
alto

Orcas
26 pies (8 m) de largo

MÁS PARA EXPLORAR

RECURSOS

Glosario

agresivo Que está listo para pelear, discutir o atacar.

carroñero Un animal que se alimenta de plantas y animales muertos.

casquete Protección para la cabeza.

colmillo Un diente largo y grande.

manada Un grupo de leones que viven juntos.

probóscide Un tubo largo y delgado que forma parte de la boca del mosquito.

Índice alfabético

TOP RANK es publicado por Black Rabbit Books, P.O. Box 227, Mankato, MN, 56002. • Top Rank un sello de Black Rabbit Books • Editado de Alissa Thielges • Diseño de Danny Nanos • Fotografías © Dreamstime/Julesuyttenbroeck, 8, Thor Jorgen Udvang, cover; Getty Images/CraigRJD, 4, doug4537, 14, 21, WLDavies, 10; iStock/Tammy Wolfe, 16; Shutterstock/2630ben, 11, 7th Son Studio, 15, Balora, 23, bigkai, 23, erdistudio, 23, Eric Isselee, 12, 21, Foto 4440, 18, Gallinago_media, 20, harkani, 23, Jamen Percy, 20, Johan Larson, 5, 21, Kwangmoozaa, 13, Mari Swanepoel, 9, Michal Ninger, 19, 21, Mike Price, 2, Nynke van Holten, 20, PhotocechCZ, 21, Tereza Tothova, cover, Tomas Drahos, 6–7, Tory Kallman, 17, 21, Viktoria Suslova, 23, white whale, 23 • Impreso en China

Library of Congress Cataloging-in-Publication Data: Names: Greve, Meg, author. | Title: Animales superpeligrosos / by Meg Greve. | Description: Mankato, MN : Black Rabbit Books, [2025] | Series: Animales superincreíbles | Includes index. | Ages 8–11 | Grades 2–3 | Identifiers: LCCN 2024023496 | ISBN 9781644667491 (library binding) | ISBN 9781644667576 (paperback) | ISBN 9781644667651 (ebook) | Subjects: LCSH: Dangerous animals—Juvenile literature. | Classification: LCC QL100 .G7418 2025 (print) | LCC QL100 (ebook) | DDC 591.6/5—dc23/eng/20240613